AF582177

LA

ROTATION DE LA TERRE

DÉMONTRÉE PAR

LE PENDULE DE FOUCAULT

APPAREIL DES ÉCOLES

APPROUVÉ PAR M. FLAMMARION ET PAR M. BERGET

Présenté à l'Académie des Sciences le 17 Novembre 1902

Par M. D'ARSONVAL

PROFESSEUR AU COLLÈGE DE FRANCE, MEMBRE DE L'INSTITUT

Présenté à l'approbation de la Société Astronomique de France le 3 Décembre 1902

HONORÉ D'UNE SOUSCRIPTION DU MINISTÈRE DE L'INSTRUCTION PUBLIQUE

ÉDOUARD CANNEVEL

INGÉNIEUR CIVIL

A LEVALLOIS-PERRET

(Seine)

LÉON FOUCAULT

1819-1868

LÉON FOUCAULT

1819-1868

En publiant cette notice sur le Pendule, j'avais pensé tout d'abord à y joindre une biographie de Foucault avec une description succincte de ses travaux. J'ai dû y renoncer en présence de leur nombre et de leur importance.

Je me bornerai à annexer à son portrait, qui m'a été gracieusement confié par sa sœur Madame Rouargue, la publication que fit, en 1864, M. J. Bertrand, secrétaire perpétuel de l'Académie des Sciences, ainsi qu'un petit résumé de M. Gariel, ingénieur des Ponts et Chaussées, professeur agrégé de physique à la Faculté de Médecine, et qui figure en vedette du volume Recueil des travaux scientifiques de Léon Foucault, *que Madame Foucault mère fit éditer en 1878 chez Gauthier-Villars dix ans après la mort de l'illustre physicien.*

Ce remarquable ouvrage est peu connu, l'édition fut presque entièrement détruite chez le brocheur qui a été incendié pendant que ce travail lui était confié.

Je rappellerai qu'outre le Pendule, nous devons entre autres, au génie de Foucault, le Giroscope, la détermination de la vitesse de la lumière, les appareils astronomiques Héliostats et Sidérostats, le premier régulateur de lumière électrique, les horloges électriques, etc., etc.

Edouard CANNEVEL.

NOTICE

SUR LES

ŒUVRES DE FOUCAULT

ÉCRITE EN 1864

PAR M. J. BERTRAND

SECRÉTAIRE PERPÉTUEL DE L'ACADÉMIE DES SCIENCES

En acceptant la pieuse mission de présenter au monde savant le *Recueil des Mémoires de Léon Foucault*, j'avais songé d'abord à tracer le rapide résumé des ingénieuses inventions qui lui sont dues. Un tel travail serait sans utilité ; la simplicité et la netteté sont les qualités dominantes des pages qui vont suivre, et il suffit de dire au lecteur curieux : lisez et jugez. Le temps n'est plus où il fallait, pour défendre le génie inventif de Léon Foucault, en montrer le principe et le guide dans une science exacte et profonde ; au moment où une mort prématurée nous l'a enlevé, il avait, depuis bien des années déjà, conquis le rang élevé que la postérité doit lui conserver. L'histoire de ses études est celle de ses découvertes. Il apprenait en inventant et consultait la science suivant ses besoins et dans la mesure nécessaire seulement ; bien souvent, au début d'une recherche nouvelle, il avait recours à l'érudition de ses amis, et en se faisant enseigner, sans aucun embarras, les premiers éléments d'une théorie classique, il prenait l'indication des ouvrages à consulter. Quelques mois après, ceux qu'il avait surpris par l'absence des notions élémentaires dans nos écoles, le retrouvaient riche d'une invention ingénieuse et brillante, prêt à en discuter les conséquences et les principes, aussi bien préparé à tenir tête aux savants qu'à éclairer les ignorants.

Léon Foucault ne fut élève d'aucune école ; les études classiques semblaient dans son enfance trop fatigantes pour son esprit rêveur ; il fut un élève médiocre et jugea nécessaire, à la fin de ses études, de se faire aider par un répétiteur pour préparer l'examen du baccalauréat.

Il commença ses études en médecine, mais un cours de microscopie, dont il devint l'auditeur assidu et bientôt après l'habile préparateur, lui révéla ses facultés d'expérimentateur. Le professeur était le docteur Donné, qui, sachant apercevoir dans ce jeune homme, si habile à monter un appareil, un esprit aussi droit que pénétrant, le présenta, dès l'année 1845, comme son successeur à la rédaction scientifique du *Journal des Débats*. Foucault avait alors 26 ans.

La tâche, périlleuse à plus d'un titre, exigeait beaucoup de science, et Foucault se proposait d'en acquérir ; beaucoup de prudence en même temps et de sens critique : il y mêla beaucoup de hardiesse. Toujours attentif à ne pas se compromettre par des jugements erronés ou douteux, ses appréciations n'avaient rien de banal. Entre tant de travaux, non moins différents par le but que par la méthode, il marquait nettement ses préférences, non sans quelque dédain pour la science, si élevée qu'elle fût, quand elle se déployait sans résultat immédiat et précis.

Malgré l'importance croissante de ses propres travaux, il n'abandonna jamais complètement cette tâche qu'il aimait et dans laquelle la franchise de ses jugements, toujours pleins cependant de convenance et de courtoisie, a éveillé plus d'une rancune et par là peut-être retardé ses succès.

Léon Foucault, associé bientôt à un collaborateur digne de lui, tourna ses premières recherches vers la photographie, puis vers les questions les plus élevées de la théorie de la lumière, en faisant faire à l'expérience fondamentale des interférences un progrès aussi considérable qu'inattendu. Cette admirable expérience, si justement célèbre dans l'histoire de la science, fait paraître, on le sait, des raies complètement obscures à la rencontre de deux rayons dont chacun, s'il était seul, donnerait une lumière brillante et pure. L'explication, depuis longtemps, n'est plus douteuse ; l'éther, dont les vibrations propagent la lumière, est excité en sens opposé au point de rencontre des deux rayons qui se contrarient et se détruisent ; il suffit pour cela que la différence des chemins parcourus depuis la source commune corresponde à une différence de phase. Dans les expériences antérieures de Fresnel et de Thomas Young, cette différence de marche correspondait à un petit nombre de longueurs d'onde ; MM. Fizeau et Foucault, par une disposition ingénieuse et simple, l'ont portée jusqu'à huit mille longueurs d'onde, en ajoutant une preuve nouvelle et brillante à la parfaite précision de la théorie. Arago, si bon juge de ces matières, et glorieusement mêlé lui-même à l'histoire de ces mémorables découvertes, fit à cet élégant travail le plus chaleureux accueil et commença à espérer que Fresnel aurait des successeurs.

MM. Fizeau et Foucault étaient trop ingénieux l'un et l'autre à inventer de belles expériences, trop habiles en même temps à les réaliser, pour avoir besoin d'aide et d'appui.

Leur collaboration, quoique très fructueuse pour leur commune renommée, dut cesser cependant le jour où chacun d'eux, en pressentant les découvertes de premier ordre et se sentant la force de les réaliser seul, voulut s'en réserver la gloire tout entière. Leur séparation, en effet, fut suivie, pour tous deux, d'expériences aussi brillantes que neuves dont le retentissement fut immense. Je n'ai pas à faire connaître ici les admirables travaux de M. Fizeau ; il est moins nécessaire encore d'analyser, en tête de ce volume où elles sont si bien exposées, les découvertes presque simultanées de Foucault, dirigées bientôt vers des régions entièrement différentes ; on me pardonnera cependant de reproduire ici une notice écrite en 1864 dans le but, très hautement proclamé, d'aider Léon Foucault dans une candidature académique. Le jugement que j'y porte, relu après quatorze ans, me semble strictement équitable ; mon amitié n'a rien exagéré ; il sera ratifié, j'en ai le ferme espoir, par le suffrage, aujourd'hui impartial, de tous les jugements compétents. Je ne veux rien changer à ces pages qui ont procuré à Foucault, je suis heureux de citer ses propres expressions, une des joies de sa vie.

Cette joie, hélas ! fut une des dernières. Lorsque tout semblait lui sourire et que, compté parmi les maîtres de la science, il éprouvait et retrempait ses forces dans une lutte, toujours heureuse, avec les difficultés pratiques des problèmes industriels, quelques jours après le succès d'une expérience décisive, il tombait terrassé par un mal sans espoir. Un voile chaque jour plus épais enveloppait sa pensée intacte jusqu'au dernier jour, en l'obscurcissant sans l'éteindre, et l'isolant sans l'affaiblir ; quand elle perçait le nuage qui l'entourait, la mémoire des mots lui manquait ; tout en lui était frappé à la fois : sa vue rapidement affaiblie lui permettait à peine de reconnaître les amis qu'il invitait encore à venir causer devant lui. « Je comprends tout, » disait-il avec effort ; et par un geste désespéré, il marquait à la fois la fermeté de sa pensée, l'impossibilité de l'exprimer et la triste certitude d'une fin prochaine. Il n'avait pas achevé sa tâche : de nouvelles et précieuses inventions étaient entrevues et ébauchées ; malheureusement il avait écrit peu, et sa famille, en publiant les courtes notes inédites qu'il a laissées, aura seulement la triste consolation de montrer que la science, en même temps qu'elle, a fait une perte irréparable et profonde.

J. Bertrand.

NOTICE

DE

M. GARIEL

PROFESSEUR AGRÉGÉ A LA FACULTÉ DE MÉDECINE

INGÉNIEUR DES PONTS ET CHAUSSÉES [1]

Jean-Bernard-Léon Foucault naquit à Paris le 19 septembre 1819 ; il était fils d'un libraire que d'intéressantes publications sur l'histoire de France ont fait connaître. Sa vie ne présente d'autres événements à rapporter que les découvertes qu'il a faites ; quelques dates suffiront pour compléter tous les renseignements qui peuvent être intéressants pour la postérité et qui n'ont pas été consignés dans la notice précédente.

Après avoir passé sa thèse de docteur ès-sciences physiques sur la détermination de la vitesse de la lumière en 1853, L. Foucault fut nommé physicien à l'Observatoire en 1854 : cette place fut créée pour lui d'après les idées de l'empereur Napoléon III. En 1862, il devint membre du bureau des longitudes.

Il avait reçu la croix de la Légion d'honneur après l'expérience du pendule (1851) et il était nommé officier en 1862.

En 1857, il se présentait à l'Académie des Sciences et il obtenait assez de voix pour qu'il y eût ballottage : il échouait cependant. Il l'emportait, en revanche, après une lutte qui se traduisit par trois scrutins successifs, lorsqu'il posa sa candidature une seconde fois en 1865 ; il succédait à Clapeyron.

Il était membre correspondant de la Société royale de Londres qui lui décerna, en 1855, une des plus hautes récompenses qu'un savant puisse ambitionner : la grande médaille d'or de Copley ; les académies de Berlin, de Saint-Pétersbourg et la plupart des corps savants de l'étranger l'appelèrent successivement dans leur sein.

1. Extraite de l'Ouvrage publié en 1878, par Madame Foucault mère.

En 1867, l'installation de son dernier modèle de régulateur à l'Exposition universelle l'avait vivement préoccupé par suite des difficultés exceptionnelles qu'il avait rencontrées dans la nature des machines dont il s'agissait de régler la marche : une machine à tisser et une machine à travailler le bois ; les opérations du Jury des récompenses dont il faisait partie avaient également contribué à le fatiguer.

Une cruelle maladie vint le frapper dans le courant du mois de juillet ; la paralysie se manifesta d'abord par un léger engourdissement de la main. Il ne se fit pas illusion sur son état et, dès les premiers symptômes, comprit qu'il était perdu. Peu à peu, la parole s'embarrassa, la vue fut atteinte, et après sept mois d'un long martyre, il mourut le 11 février 1868.

Après sa mort, une Commission composée de MM. Roland, directeur général des manufactures de l'Etat ; J. Regnault, directeur de la Pharmacie centrale, professeur à la Faculté de médecine ; Wolf, astronome à l'Observatoire impérial ; Ad. Martin, docteur ès-sciences ; Lissajous, professeur au Lycée Saint-Louis, fut chargée de préparer la publication des œuvres de L. Foucault, par les ordres de l'Empereur. Les événements malheureux de 1870 ont mis fin à ces projets.

La mère de L. Foucault, qui conserve pour la mémoire de son fils un pieux et tendre souvenir, a repris l'idée abandonnée par suite de ces désastreuses circonstances : par son ordre, et à ses frais, les travaux scientifiques de L. Foucault ont été réunis et elle a assuré leur publication, souhaitant seulement, et ce souhait a été rempli, de vivre assez pour voir la réalisation complète de cette pensée qui sauvegardera l'héritage scientifique d'un homme dont les découvertes ont enrichi la science.

G.-M. Gariel.

---

*

COMMUNICATION

FAITE PAR FOUCAULT ET LUE PAR ARAGO

A L'ACADÉMIE DES SCIENCES LE 3 FÉVRIER 1851

Les observations si importantes et si nombreuses dont le pendule a été jusqu'ici l'objet sont surtout relatives à la durée des oscillations; celles que je me propose de faire à l'Académie ont principalement porté sur la direction du plan d'oscillation, qui, se déplaçant graduellement d'orient en occident, fournit un signe sensible de la rotation de la terre.

« Afin d'arriver à justifier cette interprétation d'un résultat constant, je ferai abstraction du mouvement de translation de la terre, qui est sans influence sur le phénomène que je veux mettre en évidence, et je supposerai que l'observateur se transporte au pôle pour y établir un pendule réduit à sa plus grande simplicité, c'est-à-dire un pendule composé d'une masse pesante, homogène et sphérique, suspendue par un fil flexible à un point absolument fixe; je supposerai même tout d'abord que ce point de suspension est exactement sur le prolongement de l'axe de rotation du globe, et que les pièces solides qui le supportent ne participent pas au mouvement diurne. Si, dans ces circonstances, on éloigne de sa position d'équilibre la masse du pendule, et si on l'abandonne à l'action de la pesanteur, sans lui communiquer aucune impulsion latérale, son centre de gravité repassera par la verticale, et, en vertu de la vitesse acquise, il s'élèvera de l'autre côté à une hauteur presque égale à celle d'où il est parti. Parvenu en ce point, sa vitesse expire, change de signe, et le ramène en le faisant encore passer par la verticale, un peu au-dessous de son point de départ. Ainsi l'on provoque un mouvement oscillatoire de la masse suivant un arc de cercle dont le plan est nettement déterminé, et auquel l'inertie de la matière assure une position invariable dans l'espace. Si donc ces oscillations se perpétuent pendant un certain temps, le mouvement de la terre, qui ne cesse de tourner d'occident en orient, deviendra sensible par le contraste de l'immobilité du plan d'oscillation dont la trace sur le sol semblera animée d'un mouvement conforme au mouvement apparent de la sphère céleste et si les oscillations pouvaient se perpétuer pendant vingt-quatre heures, la trace de leur plan exécuterait dans le même temps une révolution entière autour de la projection verticale du point de suspension.

« Telles sont les conditions idéales dans lesquelles le mouvement de rotation du globe deviendrait évidemment accessible à l'observation ; mais en réalité on est obligé de prendre un point d'appui sur un sol mouvant ; les pièces rigides où s'attache l'extrémité supérieure du fil ne peuvent être soustraites au mouvement diurne, et l'on pouvait craindre, à première vue, que le mouvement communiqué au fil et à la masse pendulaire n'altérât la direction du plan d'oscillation. Toutefois la théorie ne montre pas là une difficulté sérieuse et, de son côté, l'expérience m'a montré que pourvu que le fil soit rond et homogène, on peut le faire tourner assez rapidement sur lui-même dans un sens ou dans l'autre, sans influer sensiblement sur la position du plan d'oscillation, de sorte que l'expérience, telle que je viens de la décrire, doit réussir au pôle dans toute sa pureté.

« Mais quand on descend vers nos latitudes, le phénomène se complique d'un élément assez difficile à apprécier, et sur lequel je désire bien vivement d'attirer l'attention des géomètres. A mesure que l'on s'approche de l'équateur, le plan de l'horizon prend sur l'axe de la terre une position de plus en plus oblique, et la verticale, au lieu de tourner sur elle-même comme au pôle, décrit un cône de plus en plus ouvert ; il en résulte un ralentissement dans le mouvement apparent du plan d'oscillation, mouvement qui s'annule à l'équateur pour changer de sens dans l'autre hémisphère. Pour déterminer la loi suivant laquelle varie ce mouvement sous les diverses latitudes, il faut recourir soit à l'analyse, soit à des considérations mécaniques et géométriques que ne comporte pas l'étendue restreinte de cette note. Je dois donc me borner à dire que les deux méthodes s'accordent, en négligeant certains phénomènes secondaires, à montrer le déplacement angulaire du plan d'oscillation comme égal au mouvement angulaire de la terre dans le même temps multiplié par le sinus de la latitude. »

Foucault écrivait, à cette époque, dans son feuilleton scientifique du *Journal des Débats*.

« De même qu'en pleine mer, le pilote a les yeux fixés sur le compas pour évaluer les changements de direction du navire, ainsi l'habitant de la terre se crée au moyen du pendule une sorte de boussole dans l'espace absolu ; le mouvement apparent de cet instrument lui révèle le mouvement réel du globe qu'il habite ».

COMMUNICATION

FAITE A L'ACADÉMIE DES SCIENCES LE 17 NOVEMBRE 1902

Par M. le Dr d'ARSONVAL

PROFESSEUR AU COLLÈGE DE FRANCE, MEMBRE DE L'INSTITUT

La réinstallation du pendule de Foucault au Panthéon, par MM. Flammarion et Berget, a excité l'ingéniosité des constructeurs.

Parmi ces derniers, je dois citer M. Cannevel, qui a résolu le problème d'une façon simple et précise.

L'appareil que j'ai l'honneur de faire fonctionner devant l'Académie se compose d'une sphère en plomb pesant 1250 gr., pouvant fonctionner trois heures et s'accrochant au plafond par un simple clou.

La partie intéressante est la suspension du fil. Ce fil d'acier a 35/100 de millimètre, il est pincé à la partie supérieure dans un bloc métallique percé directement de fonderie d'un trou de 32/100 à travers lequel le fil est passé à force comme dans une filière. Un simple coup de balancier l'immobilise dans le bloc, que l'on fixe au plafond à l'aide d'une vis.

Tout l'appareil tient dans une petite boîte de bois qu'on peut presque mettre en poche. Le couvercle de la boîte sert à contenir le tas de sable sur lequel le pendule laisse sa trace.

Le fil peut recevoir une longueur appropriée à la hauteur dont on dispose.

Un petit support en bois, mobile autour d'un axe vertical, porte un petit pendule auxiliaire, qui sert à démontrer le principe de l'appareil, c'est-à-dire l'invariabilité du plan d'oscillation.

Malgré sa simplicité, l'appareil de M. Cannevel fonctionne avec une régularité qui a valu à son auteur l'entière approbation de MM. Flammarion et Berget.

Un autre grand avantage de ce dispositif est son bas prix qui le met à la portée du public et des écoles et permet ainsi de vulgariser la remarquable démonstration de Foucault que tout le monde ne peut aller voir au Panthéon.

A ce titre, j'ai cru intéressant de le signaler à l'Académie.

LE
PENDULE DE FOUCAULT

RÉINSTALLÉ AU PANTHÉON PAR MM. FLAMMARION ET BERGET

C'est le 22 octobre 1902 que M. Chaumié, ministre de l'Instruction publique, inaugurait cette réinstallation en présence du monde savant. Nous croyons intéressant de reproduire les passages les plus saillants des discours prononcés par M. Flammarion et par le Ministre[1].

FRAGMENTS DU DISCOURS DE M. FLAMMARION

..... A la séance de la Société astronomique de France du 8 janvier 1902, M. Wilfrid de Fonvielle, après une conférence sur le Pendule, montre tout l'intérêt qu'il y aurait à reprendre l'expérience de Foucault, interrompue par le coup d'État du 2 décembre 1851, qui eut pour résultat de rendre le Panthéon à l'exercice du culte. L'assemblée applaudit à cette proposition qui fut complétée séance tenante par l'invitation faite au secrétaire général de la Société d'agir auprès des autorités compétentes pour obtenir ce rétablissement.

Le Panthéon a été rendu au public à l'époque des funérailles de Victor Hugo et rien ne s'opposait à la reprise de cette grandiose leçon d'astronomie.

Ma démarche auprès de M. le Directeur des Beaux-Arts et de M. le Ministre de l'Instruction publique a été accueillie avec la plus gracieuse sympathie et l'autorisation de renouveler la fameuse expérience me fut immédiatement octroyée.

Il me sembla en même temps que je ne pouvais choisir de collaborateur plus compétent, pour l'installation du Pendule, que notre collègue M. Berget, docteur ès-sciences, préparateur du cours de physique de M. Lippmann à la Sorbonne, qui déjà nous a vivement intéressé par ses travaux sur le Pendule.

. . . .

Le mouvement de la terre n'est pas contestable. La preuve est affirmée depuis longtemps par le raisonnement.

1. *Bulletin de la Société astronomique de France.*

En effet. Nous voyons le Soleil, la Lune, les planètes, les étoiles, se lever à l'Orient, monter dans le ciel, arriver à un point culminant, descendre, se coucher à l'Occident et reparaître le lendemain à l'horizon oriental, après être passé au-dessous de la Terre.

Il n'y a que deux hypothèses à faire pour expliquer cette observation de tous les jours : ou bien c'est le ciel qui tourne de l'Est à l'Ouest ; ou bien c'est notre globe qui tourne sur lui-même en sens contraire.

Dans le premier cas, il faut supposer les corps célestes animés de vitesses proportionnelles à leurs distances.

Le Soleil, par exemple, est éloigné de nous à 23.000 fois le demi-diamètre de la terre : il devrait donc parcourir en vingt-quatre heures une circonférence 23.000 fois plus grande que celle de l'équateur terrestre, ce qui conduit à une vitesse de 10.695 kilomètres *par seconde*.

Jupiter est environ cinq fois plus loin : sa vitesse devrait être de 53.000 kilomètres par seconde.

Neptune, trente fois plus éloigné, devrait parcourir 320.000 kilomètres par seconde.

L'étoile la plus proche, Alpha du Centaure, située à une distance 275.000 fois supérieure à celle du Soleil, devrait courir, voler dans l'espace, avec une vitesse de 2 milliards 941 millions de kilomètres par seconde !

Toutes les étoiles sont incomparablement plus éloignées encore, jusqu'à l'infini.

Et cette rotation fantastique devrait s'accomplir autour d'un point minuscule !

Poser ainsi le problème, c'est le résoudre. A moins de nier les mesures astronomiques et les opérations géométriques les plus concordantes, le mouvement de rotation diurne de la Terre est une certitude.

Supposer que les astres tournent autour de la Terre, c'est supposer, comme l'a écrit un auteur humoristique, que pour rôtir un faisan on aurait fait tourner autour de lui la cheminée, la cuisine, la maison et tout le pays.

. . . .

D'après le rapport trouvé par Foucault, la rotation apparente du plan d'oscillation du pendule est proportionnelle au sinus de la latitude. Autrement dit, le déplacement angulaire du plan d'oscillation est égal au mouvement angulaire de la Terre dans le même temps, multiplié par le sinus de la latitude du lieu d'observation. On a, pour Paris :

Latitude du Panthéon	48°50'49"
Sinus λ	0,7529543

Déviation en un jour sidéral :

$$360^\circ \sin \lambda = 271^\circ{,}06355 = 271^\circ\ 3'\ 48'',8.$$

Durée nécessaire pour faire un tour entier :

$$\frac{24^h}{\sin\lambda} = 31^h,8744 = 31^h\,52^m\,27^s,9 \text{ temps sidéral}$$
$$= 31^h,7874 = 31^h\,47^m\,14^s,6 \text{ temps moyen.}$$

Déviation en une heure sidérale :

$$15^0 \sin\lambda = 11^\circ,29431 = 11^\circ\,17'\,39''$$

Ou, en une seconde :

11'',29431
En 8 secondes : 1' 30'' 35
En 16 secondes : 3' 1'', 10

La durée de l'oscillation d'un pendule, exprimée en secondes, est égale à la racine carrée de la longueur exprimée en mètres[1]. Ainsi, la durée de l'oscillation d'un pendule de 64 mètres est de 8 secondes. Il s'agit de l'oscillation simple. L'oscillation double, c'est-à-dire le retour au point de départ, est, par conséquent, de 16 secondes.

La hauteur totale du pendule du Panthéon, jusqu'au centre de la boule, étant de 67^m24, la durée de l'oscillation simple est de $\sqrt{67,24}$ ou de $8^s,2$. L'aiguille revient donc au bout de $16^s,4$ à son point de départ. C'est là une oscillation lente et majestueuse, dont la vitesse ne surpasse pas celle de la marche d'un homme.

Le Ministre de l'Instruction publique est monté à son tour à la tribune.

Après avoir remercié et félicité la Société astronomique de France et son secrétaire général, M. Chaumié prononce une allocution dont voici les passages les plus remarqués :

PASSAGES EXTRAITS DU DISCOURS

PRONONCÉ PAR

M. CHAUMIÉ,

MINISTRE DE L'INSTRUCTION PUBLIQUE

« Lorsque nous voyons le Soleil se lever à l'Orient, s'élever dans les hauteurs du ciel, s'abîmer dans la pourpre du couchant, nul n'ignore plus, sans doute, que ce spectacle n'est qu'une illusion, mais notre pensée a besoin d'un raisonnement, si

1. La durée des oscillations de différents pendules est proportionnelle à la racine carrée de leurs longueurs. $T = \pi\sqrt{\frac{l}{g}}$. π est invariable (= 3, 14159) ; g est également invariable pour un même lieu. A Paris, $g = 9^m,8094$ et la longueur du pendule battant la seconde est de $0^m,9939$.

simple qu'il soit, pour aller de cette illusion à la réalité. Expliqués par ce raisonnement, les phénomènes apparents qui s'accomplissent sous nos yeux, dans le ciel, nous donnent la certitude du mouvement de la Terre.

« Votre expérience nous en donne la sensation. Ce pendule qui se balance devant nous accuse, je pourrais dire enregistre, ce mouvement. Nous nous sentons vraiment emportés dans l'espace, non plus spectateurs, mais acteurs, voyageurs de ce voyage à la fois vertigineux et tranquille dans l'infini.

« La science ouvre devant nous d'immenses horizons. En même temps qu'elle nous détrône de la place dominante que nous attribuait l'ancienne erreur, elle élève nos âmes d'une fierté nouvelle...

« Non, le Soleil, les astres et les étoiles n'ont pas été asservis à la Terre pour éclairer ses jours et consteller ses nuits; la Terre n'est qu'un atome perdu dans l'univers et, à la surface de cet atome, nous ne sommes qu'une poussière. Mais cette poussière pensante a aperçu, étudié, découvert les lois qui régissent les mondes. Emportée dans un mouvement dont elle n'est pas maîtresse, elle sait le chemin que va suivre sa marche, la révolution régulière qui s'accomplit, et quand repassera non loin de la Terre tel autre atome apparu jadis, disparu ensuite, revu encore et dont le nouveau retour est annoncé...

« L'homme n'est plus le roi d'un monde dont la faiblesse de ses sens et l'ignorance de sa pensée rétrécissaient autour de lui les limites. Suivant votre éloquente expression, il est « *citoyen du ciel* », il se meut dans l'infini. Si petite qu'elle soit, la Terre a sa place et son rôle dans l'immense harmonie.

« L'âme, à cette grandiose contemplation, s'élève et s'épure Les passions et les ambitions apparaissent mesquines. La noble beauté de la loi nécessaire se dégage et resplendit dans le rayonnement de la vérité... »

Des applaudissements prolongés saluent les paroles du Ministre.

M. Alphonse Berget, collaborateur de M. Flammarion dans cette réinstallation, a procédé ensuite à l'expérience elle-même après en avoir expliqué les détails techniques.

NOTE

CONCERNANT LA RÉDUCTION DU PENDULE

PRÉSENTÉE A LA SECTION ASTRONOMIQUE DE FRANCE LE 3 DÉCEMBRE 1902

Par M. CANNEVEL

C'est une grande satisfaction qui m'est donnée que de pouvoir saluer la Société astronomique de France à laquelle nous devons la réinstallation du pendule de Foucault au Panthéon.

C'est grâce à cette réinstallation dont le succès fait grand honneur à M. Flammarion et à M. Berget, que j'ai conçu l'idée de faire l'appareil réduit que j'ai l'honneur de présenter à l'approbation de la Société et je saisis cette circonstance pour remercier ces messieurs de l'accueil bienveillant et sympathique qu'ils ont fait à ce petit appareil.

Etant donné la modicité de son prix — 25 francs — tout le monde pourra avoir, ainsi que l'un de vous, Messieurs, vient de le dire si justement, « le Panthéon chez soi ». L'expérience que je vais faire vous permettra d'apprécier que par son mode de suspension il possède la qualité d'être précis, ce qui est, à mon humble avis, le point le plus essentiel. En effet, s'il appartient à la France, la patrie de Foucault, de vulgariser son œuvre remarquable, il est aussi de notre devoir de veiller à ce que de mauvais appareils ne lui soient défavorables.

Il a fallu que je touche à cet appareil pour apprendre qu'il existe encore des savants qui ne partagent pas l'opinion de Foucault ; je ne dis pas qu'ils doutent de la rotation de la Terre, non, le raisonnement seul (comme l'a dit M. Flammarion dans son éloquent discours du Panthéon) doit suffire à convaincre le plus entêté, mais ils ne considèrent pas la démonstration de Foucault comme une preuve.

Il ne faut pas leur en vouloir, car si tout le monde a entendu parler du pendule de Foucault, peu l'ont vu, peu ont pu l'expérimenter à leur aise.

Il y a bien eu quelques tentatives de constructions de petits pendules, mais le point de suspension est chose si délicate que très probablement ils avaient des déviations propres et alors, dans ce cas, un pendule ne prouve rien. C'est ce qui expliquerait pourquoi on entend quelquefois dire « à tort », qu'un pendule a besoin d'une certaine orientation pour marcher. C'est, je le répète, une grave erreur.

Le mode de suspension n'est bon qu'à la condition que le pendule, fonctionnant dans différentes orientations, accuse à un même diamètre, dans un même sens et dans un même temps, des déplacements égaux.

D'autre part, j'ai constaté qu'il est de toute urgence que la verticale du fil de suspension soit prolongée dans la pièce de métal qui sert à le fixer, pour que les oscillations du pendule ne soient pas plus favorisées dans une orientation que dans telle autre : c'est ce qui m'a amené à imaginer ce petit dispositif que j'ai fait breveter, car c'est là que réside toute la nouveauté, c'est ce dispositif qui met à la portée de tous le moyen de renouveler l'expérience du Panthéon.

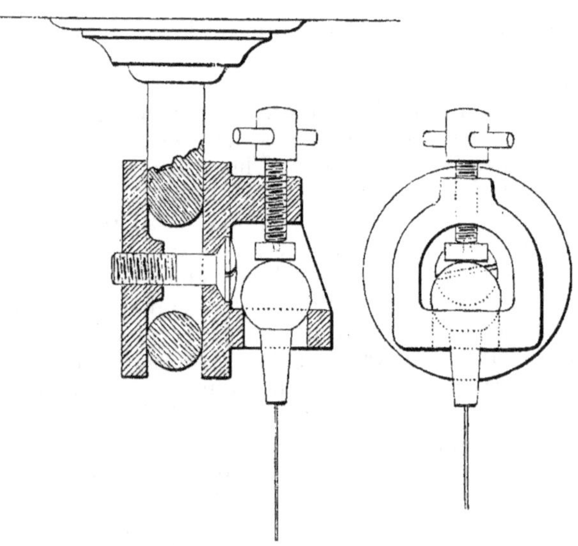

Ce petit appareil se fixe au plafond soit à un piton à anneau, soit à un piton extensible genre Golot, soit à une poutre en bois, et alors, dans ce cas, on remplacera la vis à métaux par une vis à bois.

Le fil a la longueur dont on dispose et la lecture est encore facile après trois heures de marche.

L'attache consiste en un petit bloc de métal dans lequel un petit trou de 32/100 de millim. et de 25 millim. de profondeur est venu directement de fonderie : le fil plus gros 36/100 de mill. est affilé puis entré à force comme dans une filière, à l'aide d'une pince spéciale.

La forme affectée par ce bloc a l'aspect d'une bille munie d'une queue de longueur suffisante pour vaincre la résistance due aux frottements de la bille contre l'orifice du trou sur lequel elle repose pour s'y centrer automatiquement et d'accord avec le fil de suspension.

Une vis supérieure permet de fixer la bille en place.

L'appareil, que j'ai l'avantage de soumettre à la Société, est enfermé dans ce petit coffret qui mesure environ 15×20×8 c/m. Il se compose du dispositif d'attache dont je viens de vous faire la description.

D'un pendule pesant 1250 grammes ;

De deux billes ayant chacune 4 mètres de fil de suspension ;

D'un cadran de 50 centimètres de diamètre ;

D'un petit pendule pouvant tourner sur sa table et démontrant, ainsi que l'a dit Foucault, que le plan d'oscillation d'un pendule est invariable ;

D'un auget à sable ;

De rondelles, clef anglaise, brochure, etc.

J'espère que l'appareil aura sa place dans les écoles, car les explications théoriques complétées de démonstrations frappent beaucoup plus l'imagination des élèves.

Il est la première leçon de géographie, en même temps que d'astronomie, si nous observons qu'à la première page de tous livres de géographie, même les plus élémentaires, on commence par nous dire que la terre affecte la forme d'une sphère et qu'elle tourne sur elle-même.

Il vient d'être honoré d'une souscription du ministère de l'Instruction publique, et accepté par la commission des matériels scientifiques des écoles normales et primaires supérieures devant laquelle j'eus l'honneur, vendredi dernier, de faire une expérience dans les locaux du ministère.

Par une coïncidence toute fortuite, le ministre s'est trouvé là au moment même où l'expérience allait avoir lieu. Il a assisté au départ du pendule et n'a quitté la commission que lorsque, par manque d'amplitude, le style abandonnait le sable.

M. Chaumié, en s'arrêtant à cette expérience, a montré combien son intérêt est grand quand il s'agit d'éléments utiles à l'instruction publique.

J'ai cru aussi répondre aux « desiderata » de la Société en créant ce dispositif qui permet de vulgariser les merveilleuses expériences du Panthéon.

FACULTÉ DES SCIENCES
DE PARIS

LABORATOIRE DES RECHERCHES (Physique)
A LA SORBONNE

Paris, le 8 Décembre 1902

Cher Monsieur

toutes mes félicitations pour l'heureuse idée que vous avez eue de vulgariser l'expérience de Foucault, et pour la manière dont vous l'avez réalisée. Votre petit appareil est parfait, il fonctionne à merveille, et je vous en adresse mes sincères compliments

bien sympathiquement à vous

Alphonse Berget

Docteur ès sciences

Lettre adressée à M. Cannevel par M. Berget, l'éminent préparateur à la Sorbonne, qui collabora à la réinstallation du Pendule au Panthéon.

LE PENDULE DU PANTHÉON

RÉINSTALLÉ PAR MM. FLAMMARION ET BERGET

Moulage pris sur le sable après le passage du pendule, par M. Cannevel, le 1er Décembre 1902.

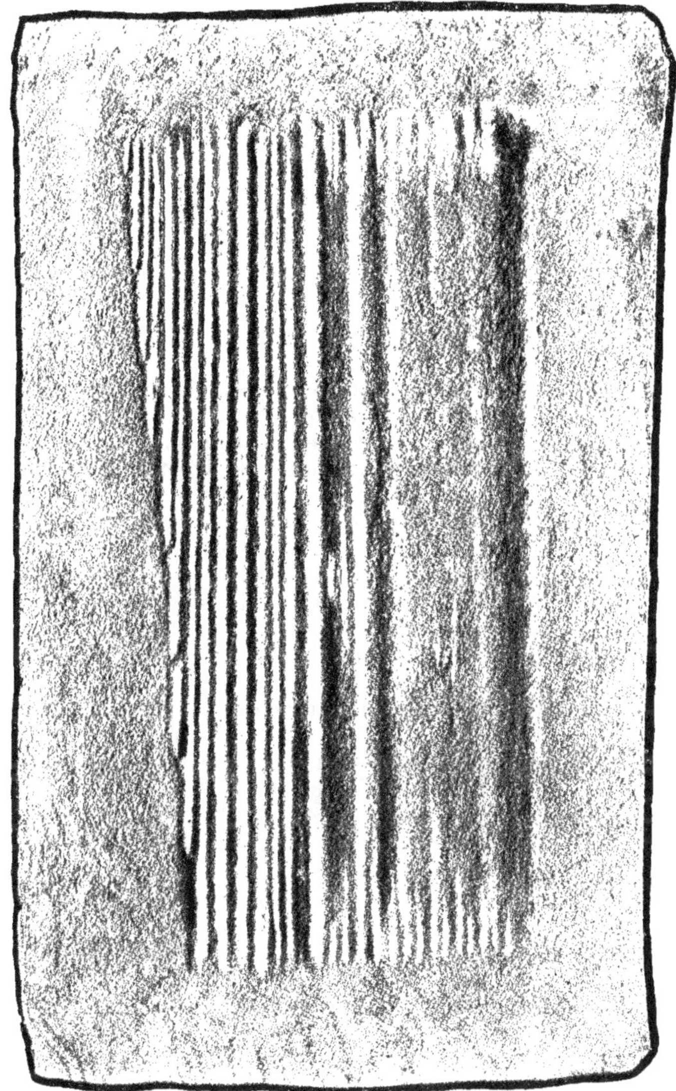

SÉANCE DE LA SOCIÉTÉ ASTRONOMIQUE DE FRANCE DU 7 JANVIER 1903

Après avoir salué en M. de Fonvielle, qui se trouvait parmi les membres composant le bureau, le premier artisan de la réinstallation du Pendule au Panthéon, M. Cannevel présente à la Société un moulage (reproduit par la photogravure ci-dessus) qu'il a fait dans le but de répondre au désidératum exprimé dans le discours de M. Flammarion.

Il explique ensuite le procédé qu'il a employé et qui consiste à humidifier l'atmosphère environnant le sable qui est très sec, de façon à ce qu'une pluie fine vienne s'y déposer, s'y infiltrer et l'agglomérer suffisamment pour recevoir un premier lait de plâtre.

Ces empreintes qui permettent des mesures exactes seront conservées aux archives de la Société.

Les lignes tracées par le style sont très caractérisées surtout vers la fin où on lit nettement la décroissance d'amplitude.

Les sillons du début (placés à droite de la gravure) sont moins visibles du fait que le sable était plus élevé de ce côté et qu'ils se trouvaient recouverts par de petits éboulements.

Nous croyons intéressant de reproduire les explications suivantes, que nous empruntons à la lettre adressée au directeur du journal *L'Illustration* par M. Flammarion :

« En géométrie, le sinus d'un arc ou d'un angle est la perpendiculaire abaissée d'une extrémité de l'arc sur le diamètre qui passe par l'autre extrémité. Ainsi, dans le cercle ci-dessous, l'arc AB a pour sinus la ligne BD. C'est très simple.

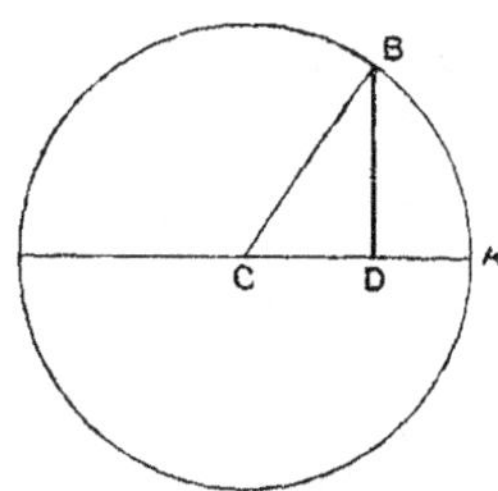

« Le sinus est toujours plus petit que le rayon. Du point A, au sommet de ce cercle, il s'élève de 0 à 1.

« Prenons une sphère terrestre ; marquons sur cette sphère les pôles, c'est-à-dire les extrémités de l'axe de rotation, et l'équateur, c'est-à-dire le grand cercle du milieu, et à égale distance des deux pôles, qui partagent le globe en deux hémisphères. Les divisions tracées de haut en bas sont des cercles de longitude des méridiens : les divisions tracées horizontalement sont des cercles de latitude. Ces notions élémentaires sont présentes à l'esprit de tous.

« Les latitudes sont comptées de l'équateur aux pôles, de 0° à 90°. D'après la définition donnée plus haut, le sinus d'un angle droit, ou de 90°, est égal au rayon de la sphère, c'est-à-dire à 1, si nous prenons ce rayon pour unité. Le sinus de l'équateur est égal à 0. Si maintenant nous faisons le calcul, nous trouvons que le sinus d'un point situé à la moitié de la distance de l'équateur au pôle, c'est-à-dire 45°, est égal à 0,71 ; celui de la latitude 30° est égal à 0,50 ; celui de la latitude 20° à 0,34 : celui de la latitude de Paris à 0,75.

« Foucault, avons-nous dit, a trouvé que la déviation apparente du plan d'oscillation du pendule, par rapport à la trace horizontale de sa position primitive, est proportionnelle au sinus de la latitude. Egale à la rotation même du globe, au pôle, cette déviation va s'amoindrissant jusqu'à l'équateur où elle est nulle. Pour bien comprendre le fait, il importe de remonter d'abord au principe même de l'expérience.

*
* *

« Comme on l'a vu plus haut, le principe de mécanique sur lequel cette expérience est fondée est que *le plan dans lequel on fait osciller un pendule reste invariable*, lors même que l'on fait tourner le point de suspension du pendule.

« Si nous imaginions qu'un pendule fût suspendu au-dessus du pôle, une fois ce pendule en mouvement, le plan de ses oscillations restant invariable malgré la torsion du fil, la Terre tournerait sous lui et le plan d'oscillation paraîtrait tourner en vingt-quatre heures autour de la verticale, en sens contraire du véritable mouvement de rotation de la Terre. Ce plan resterait perpétuellement dirigé vers la même étoile.

« Si nous transportons le théâtre de l'expérience sous une latitude quelconque, la nôtre par exemple, le phénomène va se compliquer, *parce que la verticale du point d'attache du fil*, qui, aux pôles, se confondrait avec l'axe de la Terre et aurait une direction fixe, *participe maintenant au mouvement du globe et décrit un cône autour de cet axe*. Le plan d'oscillation du pendule libre, assujetti par l'action de la pesanteur à passer constamment par cette verticale, ne peut donc garder une direction invariable dans l'espace ; mais, suivant une indication de Foucault que des calculs rigoureux ont confirmée, il s'écarte le moins possible, à chaque instant, de sa direction à l'instant qui précède, et si l'on suit les conséquences de ce principe, on trouve que la déviation apparente du plan d'oscillation, par rapport à la trace horizontale de sa position primitive, est proportionnelle au sinus de la latitude.

« Cette loi du sinus paraît être la même que celle du principe de la moindre action en mécanique, ou du moindre effort dans les actes de la nature. C'est une suite de l'inertie de la matière, à laquelle on doit déjà l'invariabilité du plan. On sait que c'est avec le minimum de travail que les êtres cherchent à obtenir l'effet nécessaire au but à atteindre. L'insecte qui construit sa cellule, l'oiseau cherchant la place du nid, l'homme lui-même, dans ses œuvres, ne veut jamais perdre son temps, consumer son activité en efforts inutiles ; et c'est ce qu'il y a de plus absurde au monde, c'est le temps perdu. Il semble que l'on naisse naturellement paresseux, et l'on n'aime travailler que pour utiliser le minimum de l'effort. Dans le cas du pendule, quand la verticale, toujours comprise dans le plan d'oscillation change de direction dans l'espace, les positions successives du plan d'oscillation sont déterminées par la condition de faire entre elles des angles minima. Autrement dit, lorsque la verticale sort de son plan initial — immédiatement d'ailleurs — le plan d'oscillation la suit en restant aussi parallèle que possible.

« Examinons le fait sur une sphère, et suivons le raisonnement de l'inventeur lui-même.

« Cette sphère représente la Terre. Elle est inclinée. En P est le Pôle Nord, en E l'équateur, en M un cercle de latitude quelconque. Par le point marqué M, faisons passer un cercle méridien AC, et au point M établissons un pendule lancé dans le plan même du méridien AC. La Terre qui tourne de l'Ouest à l'Est entraîne le point M et le transporte en B ; mais d'une part elle transporte la trace du méridien PM en PB et, d'autre part, elle déplace le plan d'oscillation, qui doit toujours contenir la verticale et faire un angle minimum avec le

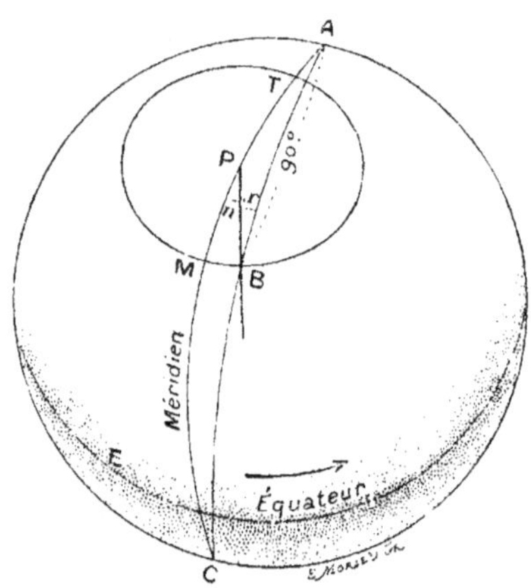

plan initial. Par là, on est conduit à représenter sa trace par l'élément d'un grand cercle passant en B et coupant le cercle méridien AC de part et d'autre à 90 degrés de distance. Cette trace coupe le méridien PB suivant un angle de déviation x facile à évaluer. En effet, le triangle PAB est un triangle sphérique, dans lequel on connaît un angle supplémentaire de l'angle n et un côté égal à 90 degrés. Si on appelle T le côté opposé à l'angle x, la relation connue entre les sinus des angles et les sinus des côtés donne

$$\sin x = \sin n \sin T$$

« Mais comme l'angle doit être infiniment petit, T devient égal à la latitude λ et les sinus se confondent avec les arcs, ce qui permet d'écrire en toute région :

$$x = n \sin \lambda$$

« Tel est le raisonnement mathématique, simplifié le plus possible, mais qui, je le crains, ne sera suivi que par les esprits des amis des mathématiques, comme le disait Archimède au tyran de Syracuse, en s'excusant qu'il n'y eût pas en géométrie de chemin privilégié pour les rois.

« La boule sur laquelle nous venons de faire ce raisonnement, Foucault l'avait constamment dans sa poche en 1851, et M. Bertrand nous a appris qu'il questionnait assez souvent les géomètres sur les triangles qu'il y traçait. Nos lecteurs ont compris que si l'expérience pouvait se faire au pôle, il n'y aurait aucune difficulté. La rotation apparente du plan des oscillations s'effectuerait en vingt-quatre heures, en sens contraire du mouvement de notre planète. Mais à toute latitude, la difficulté se montre, le plan d'oscillation ne restant pas immobile ; on peut, en effet, regarder comme évident que ce plan doit rester constamment vertical, et, comme la verticale change de direction, qu'elle décrit en vingt-quatre heures un cône plus ou moins ouvert, suivant qu'on est plus ou moins près de l'équateur, le plan qui la contient à chaque instant est nécessairement un plan mobile dans l'espace. Les apparences sont donc produites ici par la combinaison du mouvement de la Terre avec le mouvement inconnu que va prendre le plan du pendule et qu'il faut déterminer.

« Pour expliquer cette difficulté, Foucault invoque un principe dont la démonstration rigoureuse n'a pas été donnée jusqu'ici, mais qui lui semble évident, comme à Galilée le principe des vitesses virtuelles, et comme à Huygens les *postulata* sur lesquels il a fondé la théorie du pendule. Le plan d'oscillation, tout en restant vertical, doit, selon Foucault, se placer à chaque instant de manière à faire le plus petit angle possible avec la position qu'il occupait dans l'instant qui précède. Si l'on se représente, en un mot, la position du plan d'oscillation à un certain moment, pour savoir ce qu'il est devenu après un temps très court, un millionième de seconde, par exemple, il faut déterminer la position nouvelle qu'a prise la verticale, par suite de la rotation de la Terre, et chercher, parmi tous les plans qui passent par cette direction, celui qui forme, avec le plan primitif, le plus petit angle possible. Cette ingénieuse hypothèse conduit très simplement à la loi tant de fois confirmée : la rotation du plan d'oscillation est proportionnelle au sinus de la latitude.

« Le déplacement circulaire du pendule du Panthéon ne montre donc pas directement le mouvement de rotation de notre globe, mais est la résultante de la *combinaison de ce mouvement de rotation avec la situation de Paris sur le globe*. C'est un mouvement dérivé. Une verticale menée du centre de la Terre à Paris décrit un cône autour de l'axe du globe. La rotation de la Terre se décompose en deux rotations autour de deux axes rectangulaires, dont l'un est la verticale du lieu de l'observateur et l'autre la méridienne dirigée vers le Nord. La composante de la vitesse angulaire relative à la verticale a pour expression n sin. λ. Nous avons donc pour Paris :

$$360^\circ \sin \lambda = 271^\circ\, 3'\, 48'',8.$$

« On voit qu'il n'y a qu'une partie de la circonférence décrite en 24 heures, 271° au lieu de 360°. Il faut presque 32 heures pour que le pendule ait fait le tour complet. En effet :

$$\frac{24^h}{\sin \lambda} = 31^h\, 47^m\, 14^s,6$$

« Nous pouvons même remarquer que non seulement la déviation apparente du plan du pendule, produisant l'échancrure graduelle du talus de sable qui la manifeste à tous les yeux, ne montre pas directement le mouvement de la Terre, mais encore que la vitesse se trouve être en sens contraire de celle du globe, celle-ci allant en croissant du pôle à l'équateur, tandis que celle du pendule va en décroissant. C'est ce dont on peut se rendre compte par le tableau suivant :

Le pendule aux diverses latitudes.

LATITUDES	Sinus λ	Déviation en 24 heures sidérales	Temps mis par un point de la surface terrestre pour parcourir 200 mètres	Cosécantes $\frac{1}{\lambda}$	Durée de la rotation apparente du pendule en temps sidéral	Vitesse d'un point de la surface terrestre par seconde
0° Equateur	0,000	0° 0'	0s, 43	+ ∞	+ ∞	465m
10	0,174	62 31	0 , 44	5,76	138h 13m	458
20	0,342	123 8	0 , 46	2,92	70 10	437
30	0,500	180 0	0 , 50	2,00	48 0	403
40	0,643	231 24	0 , 56	1,56	37 20	357
50	0,766	275 47	0 , 67	1,31	31 20	300
60	0,866	311 46	0 , 85	1,15	27 43	234
70	0,940	338 17	1 , 25	1,06	25 32	160
80	0,985	354 32	2 . 47	1,02	24 22	81
90° Pôles..	1,000	360 0	+ ∞	1,00	24 0	0

EXEMPLES POUR QUELQUES VILLES, DE L'ÉQUATEUR AUX PÔLES

LATITUDES	Sinus λ	Déviation en 24 heures sidérales	Cosécantes $\frac{1}{\lambda}$	Durée de la rotation apparente du pendule en temps sidéral
Quito : 0° 14' 0''	0,004	1° 28'	245,55	5893h 18m
Singapore : 1° 17' 11''	0,022	8 5	44,54	1069 3
Bogota : 4° 35' 55''	0,080	28 52	12,47	299 21
Caracas : 10° 30' 30''	0,182	65 39	5,48	131 36
St-Louis (Sénégal) : 16° 1' 31'' ..	0,276	99 23	3,62	86 56
Alger : 36° 47' 50''	0,599	215 38	1,67	40 4
Marseille : 43° 18' 17''	0,686	246 55	1,46	35 0
Paris : 48° 50' 49''	0,753	271 4	1,32	31 52
St-Pétersbourg : 59° 56' 30'' ...	0,866	311 35	1,16	27 43
Reykiavik : (Islande) : 64° 8' 40''	0,900	323 58	1,11	26 40
Cap Nassau (Nlle-Zemble) : 76° 33' 0''	0,973	350 7	1,03	24 40

THÉORIE DE L'EXPÉRIENCE DU PENDULE

Expliquée par

M. le Docteur POIRRIER

Extraite de la magnifique Revue Universelle

Librairie Larousse

En gros l'explication de l'expérience paraît simple : le plan d'oscillation du pendule est fixe, c'est un fait démontré expérimentalement ; il semble tourner dans le sens des aiguilles d'une montre, c'est donc que la Terre elle-même tourne en sens contraire des aiguilles d'une montre.

En y regardant de plus près, la théorie n'est pas aussi simple. En effet, à la latitude de Paris, par exemple (48°,50 environ), l'angle dont tourne le plan d'oscillation du pendule n'est pas égal à l'angle de rotation de la Terre. En supposant que le pendule continuât à osciller assez longtemps et que la torsion du fil restât négligeable le plan d'oscillation ne ferait pas un tour entier ou 360° en un jour mais seulement trois quarts de tour ou 270° environ et le tour entier ne serait effectué qu'en trente-deux heures.

Pour nous rendre compte de ce fait, nous examinerons trois cas :

1er cas. — Supposons le pendule SP placé au pôle (*fig.* 1). Le point de suspension S se trouve sur l'axe de rotation de la Terre OS, le plan horizontal, tangent au pôle, où convergent toutes les méridiennes, est comme un cadran mobile d'horloge où les angles des méridiens se projettent en vraie grandeur et faisant un tour en vingt-quatre heures, au rebours des aiguilles d'une montre. Devant ce cadran mobile, mais qui entraîne l'observateur avec lui et paraît par conséquent immobile, la ligne d'oscillation AB figure une aiguille fixe, en sorte qu'au bout de vingt-quatre heures elle semble à l'observateur avoir fait un tour complet du cadran, dans le sens des aiguilles d'une montre.

2e cas. — Transportons-nous maintenant à l'équateur EE (*fig.* 2), et, pour fixer les idées, supposons que le pendule SP soit lancé dans le plan méridien du lieu. La ligne d'oscillation AB est parallèle à la tangente de la méridienne T, laquelle est elle-même parallèle à l'axe de rotation de la Terre O*p* et ne cesse pas de lui être parallèle dans toute situation AB, du fait de la rotation ; la ligne d'oscillation du pendule, qui elle-même est de direction fixe, ne semble donc pas tourner. Si maintenant le plan d'oscillation au lieu d'être primitivement confondu avec le méridien fait avec lui un angle quelconque, cet angle reste invariable et la ligne d'oscillation ne semble toujours pas tourner.

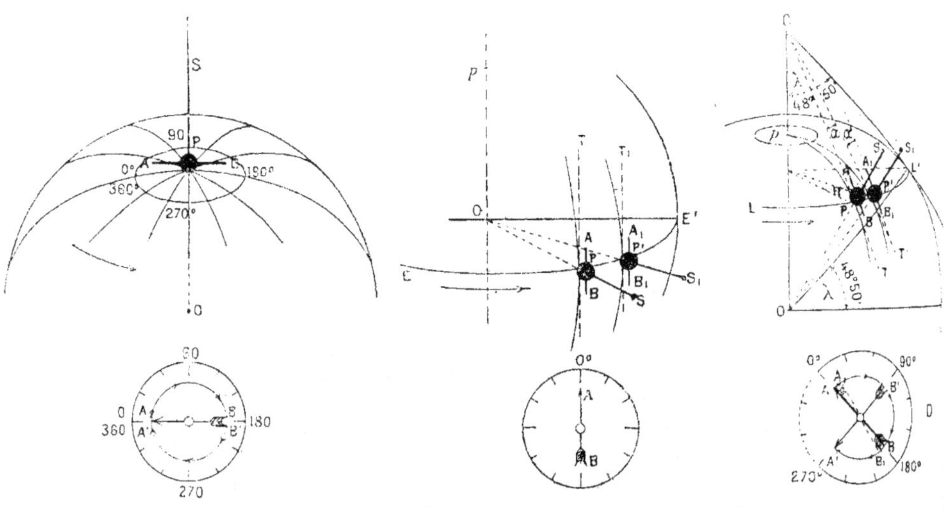

Fig. 1. — Au pôle.

O, Centre de la Terre. — SP, Pendule. — AB, Ligne d'oscillation, direction invariable. La méridienne du lieu tourne avec la vitesse de rotation de la Terre, 360° en un jour.

Fig. 2. — A l'équateur.

O, Centre de la Terre, — EE', Équateur. — SP, S¹P¹, Pendule. — AB, A_1B_1, Ligne d'oscillation à deux instants différents, direction invariable. — TT_1, Tangente à la méridienne du lieu, direction invariable.

Fig. 3. — A la latitude de Paris.

O, Centre de la Terre. P, Pôle. — LL', Parallèle du lieu d'observation. — C, Sommet du cône tangent le long de ce parallèle. — SP, S_1P_1, Pendule. — A'B', Ligne d'oscillation au bout de 24 heures. — AB, A_1B_1, Ligne d'oscillation à deux instants différents, direction fixe. — TCT, Angle dont a tourné la tangente à la méridienne du lieu, égal à l'angle de A_1B_1, avec la seconde direction de la méridienne CT_1. — D, Développement du cône tangent au parallèle : il mesure l'angle de rotation apparent de la ligne d'oscillation par rapport à la méridienne du lieu, en un jour.

Expériences du pendule
au pôle, à l'équateur et à la latitude de Paris.

3e cas. — Enfin transportons le pendule SP en un point intermédiaire entre le pôle et l'équateur, à Paris par exemple (*fig* 3). Supposons encore, pour fixer les idées, qu'au début de l'expérience le plan d'oscillation soit confondu avec le plan du méridien. La ligne d'oscillation AB est encore parallèle à la tangente de la méridienne CT, c'est-à-dire ici à la génératrice d'un cône tangent à la sphère terrestre le long du parallèle du lieu LL' et ayant son sommet C sur l'axe de rotation de la terre Op. Dans l'intervalle d'une oscillation, cette génératrice tournant en sens contraire des aiguilles d'une montre prend la place d'une génératrice voisine CT_1 et la ligne d'oscillation AB, qui a gardé sa direction primitive, semble avoir tourné, dans le sens des aiguilles d'une montre, d'un angle infinitésimal et égal à celui que font entre elles les deux génératrices du cône. Le calcul montre que cet angle est égal à une fraction de l'angle plan H des méridiens correspondants (angle dont la terre a tourné) mesurée par le sinus de la latitude du lieu. Les choses se passent comme si le plan horizontal du lieu roulait sur le cône. Au bout de la journée, après une rotation complète de la terre, la somme des angles dont a paru tourner la ligne d'oscillation se trouve précisément égale à la somme des angles infinitésimaux TCT_1 que font entre elles les génératrices successives du cône entier, c'est-à-dire à l'angle de développement du cône D.

Le mouvement de rotation apparent est le même et le point de départ seul change si le pendule est lancé d'abord dans un plan faisant un angle quelconque avec le méridien du lieu.

A Paris le sinus de la latitude est environ 0,75 ou $\frac{3}{4}$, en sorte que dans une journée le plan d'oscillation du pendule tourne de $360° \times \frac{3}{4} = 270°$ et il faut 24 h. $\times \frac{4}{3}$ ou 32 h. pour que ce plan fasse un tour entier.

Les deux cas particuliers examinés d'abord peuvent se ramener au cas général. Au pôle le cône tangent s'est aplati jusqu'à devenir un plan, le sinus de la latitude est l'unité : l'angle de développement du cône est mesuré par la circonférence entière. A l'équateur, le cône tangent devient un cylindre, le sinus de la latitude est 0, toutes les génératrices sont parallèles et l'angle de développement est 0.

D[r] Ph. Poirrier.

Pour résumer je me permets ces quelques mots loins de tous calculs, tâchant ainsi d'être compris de tous. Le pendule accuse le maximum aux pôles, c'est-à-dire un déplacement de 360° en 24 heures parce que : le point d'attache du pendule se trouvant dans le prolongement de l'axe de rotation ne se déplace pas, il subit seulement une torsion.

Le pendule accuse 0° à l'équateur parce que : le point d'attache de même que le pendule sont entraînés avec une même vitesse angulaire que celle de notre globe.

Le pendule accuse en tous autres points un déplacement proportionnel au sinus de la latitude parce que, bien que le point d'attache soit entraîné, le pendule décrit un cône, cherchant toujours en vertu des lois naturelles de la pesanteur à rayonner vers l'axe de la terre.

Je ne saurais trop recommander la plus grande attention à analyser la magistrale communication faite par Foucault à l'Académie en 1851. *(Voir pages 10 et 11).*

Edouard Cannevel.

Vue d'ensemble du nécessaire pour Écoles

INSTRUCTION

POUR LE MONTAGE DU PENDULE

1° Fixer l'attache au plafond, soit à un piton, soit à une poutre :

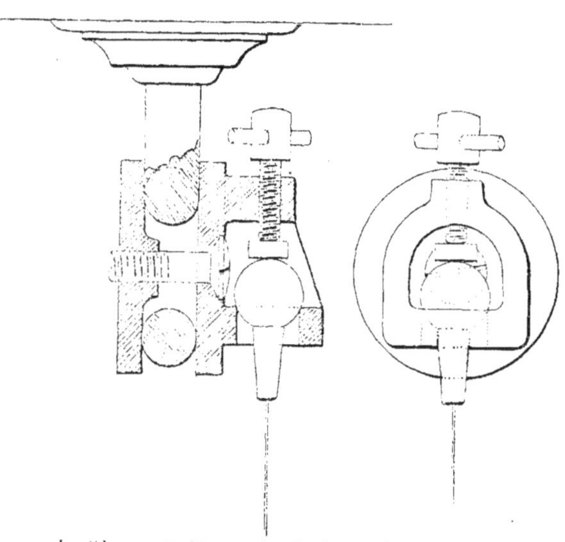

2° Passer le fil, en évitant de le bosseler, à travers le trou vertical, jusqu'à ce que la bille vienne s'y reposer ;

3° Ensuite dévisser l'écrou supérieur de la boule et faire passer le fil par le trou central de l'écrou ;

4° Attacher le pendule par son axe en faisant une boucle

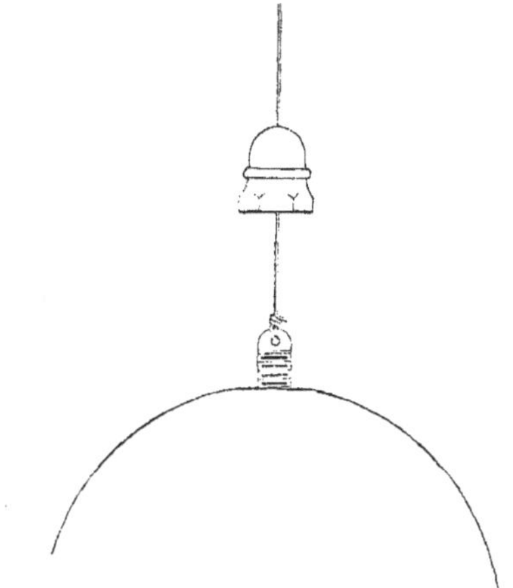

assez courte (pour ne pas gêner l'écrou) à hauteur convenable, pour que le style vienne environ à un centimètre du parquet;

5° Revisser l'écrou avec la clef fournie à cet effet ;

6° Laisser prendre la position verticale au fil de suspension ;

7° Lorsqu'il sera immobile, fixer la bille avec la vis supérieure ;

8° Centrer le cadran sous le style du pendule. Pour faciliter l'expérience, on pourra fixer le cadran une fois centré, en mettant une punaise sur le centre, de façon à pouvoir le faire tourner pour le mettre à zéro, dans le cas où le pendule n'aurait pas été lancé exactement sur cette ligne ;

9° Placer l'auget à sable pour que le style ne fasse qu'effleurer le sable et ne rencontre pas d'autre obstacle ;

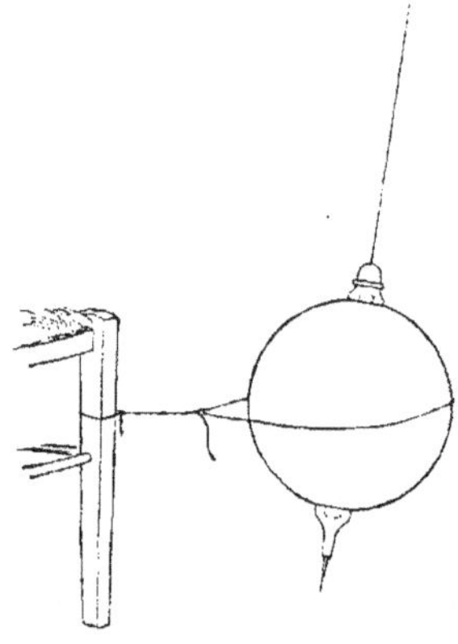

10° Pour lancer le pendule, on l'attachera à un meuble quelconque, chaise, table, etc., avec un fil auquel on mettra le feu quand le pendule sera immobile ;

11° L'amplitude ne devra pas dépasser 75 centimètres pour une suspension de 2 m. 50 ; on pourra augmenter cette amplitude de 20 centimètres par mètre, pour les suspensions plus longues.

Les insuccès ne peuvent venir que de l'attache de la suspension, c'est pourquoi il ne faut fixer la bille avec la vis supérieure, que lorsque la boule du pendule sera au repos, de façon à ce que la verticale du fil de suspension se continue dans le petit bloc en forme de bille.

Papier, Gravure et Impression L. GEISLER, aux Châtelles, par Raon-l'Étape (Vosges).

L'Appareil se compose :

1° Du pendule pesant 1250 grammes ;

2° De deux blocs-bille ayant chacune 4 mètres de fil de suspension ;

3° D'un appareil à centrage automatique, — Breveté S. G. D. G.

4° D'un cadran de 50 centimètres de diamètre ;

5° D'un petit pendule dont le cadre peut tourner sur sa table, afin de démontrer l'invariabilité du plan d'oscillation ;

6° D'un auget à sable ;

7° D'une clef anglaise ;

8° D'une brochure illustrée contenant un superbe portrait de Foucault, ainsi qu'une photogravure de l'empreinte du sable du Panthéon gravé par le pendule.

Le tout livré dans un coffret acajou. — Prix : 25 francs.

Sur demande spéciale, il est fourni des suspensions plus longues que 4 mètres.

Papier, Gravure et Impression Louis Geisler, aux Chatelles, par Raon-l'Étape (Vosges).

www.ingramcontent.com/pod-product-compliance
Lightning Source LLC
LaVergne TN
LVHW050504160826
845677LV00003B/941

* 9 7 8 2 3 2 9 6 4 7 1 1 1 *